WILDES BAYERN

Bilder einzigartiger Naturschätze

Fotos Norbert Rosing

NATIONAL GEOGRAPHIC

WILDES BAYERN

Bilder einzigartiger Naturschätze

Fotos Norbert Rosing

INHALT

Vorige Seiten:

Der Frühling zieht mit wilden Krokussen ins Voralpenland bei Gerold in der Nähe von Mittenwald ein.

„Malerwinkel": Königssee und das Steinerne Meer im Alpennationalpark Berchtesgaden.

Rothirsche auf der Suche nach Futter am Königssee.

Goldener Oktober: Bergmischwald im Hintersteiner Tal im Allgäu.

Das Große Teufelshorn im Hagengebirge im Berchtesgadener Land von Süden aus fotografiert.

Die „Drei Brüder" im Felsenlabyrinth Luisenburg im Fichtelgebirge.

Linke Seite:

Verschneite Bergfichten auf dem Gipfel des Großen Arber, auch „Arbermandl" (Arbermänner) genannt.

MIT GAMSBART UND EDELWEISS

Dichte Wälder und Puderschnee. Da zuckt der Bayer nicht einmal mit der Augenbraue: Er ist an Schönheit gewöhnt. Ein paar Dinge allerdings bringen auch ihn zum Schwärmen – ein stiller Gebirgssee zum Beispiel oder ein letztes Alpen-Edelweiß im Spätsommer. Die bayerische Wildnis beginnt direkt vor der Haustür.

Vorige Seiten: Schnee im August. Selbst die Steinböcke suchen Schutz vor dem Wettersturz und stellen sich unter die sommerlich grünen Lärchen des Landtals im Alpennationalpark Berchtesgaden.

Oben: Die Herbstsonne bricht durch die Zweige einer alten Eiche im Voralpenland.
Die Strahlen durchdringen den Nebel und erzeugen einen Lichtkranz.

Ein kehliger Schrei tönt durch die Dämmerung, mächtige Flügel schlagen, ein großer Vogel verschwindet in der vorabendlichen Dunkelheit des Waldes. Es knackt und knistert im Gehölz, ein kleines Tier schnuppert fast lautlos im Laub: Ein Marder vielleicht oder ein Igel huschen ganz nahe an den Schuhsohlen vorbei. Über den Baumwipfeln erhebt sich der Mond als dünne Sichel, die Natur bettet sich zur „Blauen Stunde". Ein bergfrischer Windhauch erzeugt Gänsehaut. Man fühlt sich ein bisschen wie auf Safari durch die Serengeti, dabei ist dies ein ganz normaler Spaziergang durch den bayerischen Herbstwald – ein Abenteuerland, das gleich hinter den Toren Münchens beginnt. Ein Wildhüter kann als Führer dienen, muss aber nicht. Wer mag, kann sich diese Märchenlandschaft getrost auf eigene Faust erschließen, mit nichts als einem Fernglas bewaffnet. Intensiv wie kaum irgendwo sonst erlebt man so die Begegnung mit unberührter Natur, kann sie riechen, schmecken und fühlen: die Wildheit Bayerns. Ein wahres Fest für die Sinne ist eine Wanderung durch den südbayerischen Bergmischwald! Und wenn am Ende, wie ein Zuckerl obendrauf, die Zugspitze vor dem Wanderer auftaucht, schneebedeckt und erhaben, darf das Herz Luftsprünge machen vor Freude.

Ob sie wissen, wie verwöhnt sie sind, die Bayern? Berühmt für ihre Heimatliebe sind sie allemal, dazu bekennt sich mindestens jeder Zweite nicht ohne Stolz. Und für ihr Talent, Regeln und Gesetze eher leger auszulegen: «Hund san's scho», ist bis über die legendäre Weißwurstgrenze hinweg ein Ausdruck von höchster Anerkennung. Sie sind eher maulfaul als vorlaut, dabei berüchtigt für ihre Gewitzt- und Gerissenheit, nicht festzunageln, nicht einzukasteln, einfach wild. Lebens- wie Überlebenskünstler, die so schnell nichts umpustet, genauso urwüchsig wie die Gegenden, aus denen

sie stammen. Die sich mit ihresgleichen gern im Fingerhakeln messen, Sautrog- und Ochsenrennen veranstalten, wo ein Dorf dem anderen dessen Maibaum klaut. Sprichwörtlich ist das Image vom Urviech, das die Schauspielerin Marianne Sägebrecht unvergleichlich definierte: «Was die Indianer für die USA sind wir Bayern für Deutschland». Wild und unbezähmbar, nichts weiter.

Die Bayern und ihr Bayern – sie verdienen einander. 12 526 752 Menschen auf 70 551,57 Quadratkilometern: In Deutschlands größtem Bundesland ist Platz genug, dass sich jeder nach seiner Fasson entfalten kann; die Altbayern, die mit 6,6 Millionen den Löwenanteil aus-

machen, die gut vier Millionen Franken und die fast zwei Millionen Schwaben. Mit Nachbarländern wie Österreich und Tschechien nach Süden und Südosten und innerdeutsch nach Baden-Württemberg, Hessen, Thüringen und Sachsen, konkurrenzlos, ein Paradies mitten in Europa, fast zu schön, um wahr zu sein. Höhenunterschiede gibt es, massive sogar, zwischen Bayerns tiefstem Punkt im unterfränkischen Kahl am Main auf 107 Metern über dem Meeresspiegel und 2962 Metern: So hoch liegt Deutschlands höchster Berg, die Zugspitze im Wettersteingebirge, im Landkreis Garmisch-Partenkirchen; entsprechend verteilen sich die Mentalitäten. Vielleicht leben in keinem anderen Bundesland so viele Menschen unterschiedlichen Schlages zusammen,

Alte, knorrige Hutebuchen auf dem Kohlschachten im Zwieseler Winkel im Nationalpark Bayerischer Wald.

Durch strenge Schutzmaßnahmen haben Wildkatzen in großen, zusammenhängenden Waldgebieten Bayerns wieder eine Heimat gefunden.

ohne dass es Stress gibt. Von den eher sparsamen Schwaben, die sich nichts mehr zu ihrem Glück wünschen als das eigene Häuschen, über die herzlichen Oberfranken bis hin zum zynischen, derbleckenden, politparodierenden Niederbayern ist alles dabei. Ein Bayer zu sein ist mehr als nur Attitüde, es ist eine Lebenseinstellung. Dass man regionale Unterschiede hegt und pflegt, macht den ureigenen Charme der Gegenden aus.

Wildnis begegnet einem auf Schritt und Tritt: in zwei von 14 deutschen Nationalparks, in Unesco-geschützten Biosphärenreservaten und Naturparks, allesamt riesige Biotope, die andernorts groß betrommelt würden, weil sie so urwüchsig sind und über weite Strecken noch nahezu unerschlossen. In Bayern nimmt man's selbstverständlich: Ein Münchner fährt an einem kalten, klaren Wintertag einfach ein Stück Garmischer Autobahn Richtung Süden, macht nach ein paar Kilometern die Alpenkette vor sich aus, fein säuberlich aufgefaltet wie eine Girlande aus Graublau und Schnee. Dann biegt er nach Starnberg ab und rollt mitten hinein ins Fünfseenland aus Starnberger See, Ammersee, Wörthsee, Pilsensee und Wesslinger See. Oder er fährt noch ein bisschen weiter nach Süden und schwenkt ins malerisch-melancholische Murnauer Moos, das die Künstlerin Gabriele Münter auf ihren Bildern verewigt hat. Völlig normal, hundertmal erlebt, unspektakulär, nur weil die Gegenden jedermann zugänglich sind? Nicht weiter der Rede wert, denkt sich der Bayer, dass direkt dahinter noch Kochel- und Walchensee folgen und der Sylvensteinspeicher, der zwar genau genommen nicht „natürlich" ist, aber die Natur aufs Vortrefflichste imitiert und wie gemalt in die Seenlandschaft passt. Unterwegs kann man im ausgewaschenen Isarbett wie ein Goldwäscher nach Findlingen suchen und auf dem Weg dorthin über hügelige Kuhwiesen kraxeln – das ist wieder wild.

Wild wie der Watzmann, den man am schönsten von Schönau am fjordhaften Königssee aus sieht, größter Stolz des 1978 gegründeten Nationalparks Berchtesgaden und so etwas wie ein Nationalheiligtum unter Unesco-Schirmherrschaft. Er gewährt freien Blick ins bayerische Blau, ohne Stromleitungen, Windräder und sonstige Zivilisationsmarkierungen. Fest und fast ein bisschen furchteinflößend steht er da, ein Naturmonument, vom österreichischen Liedermacher Wolfgang Ambros inbrünstig besungen: «groß, und mächtig, schicksalsträchtig ... wauna donnert Gott behüt». Die paradiesische Voralpenwildnis kann man sich über Stock und Stein erwandern, in der Kernzone des Parks wird die Natur ihren eigenen Gesetzen überlassen. Die Pflegezonen darum herum werden dagegen traditionell genutzt, für die Almwirtschaft etwa oder die Fischerei, was der Nationalparkidee keineswegs widerspricht. Die Pflege der Kulturlandschaft ist eines der vorrangigen Ziele.

Auf dem Weg querfeldein durch Enzianwiesen zu wandern, mit bloßem Auge Adler, Gämsen, Rehe und Hirsche auszumachen und dazwischen Alpensalamander und Kreuzottern kreuchen zu sehen ist Balsam, und

Im Frühling erblühen die Almwiesen auf der Reiter Alpe: Trollblumen (hier im Bild), Enziane, Alpenastern und Silberwurz leuchten auf den fetten Wiesen und den schroffen Berghängen.

Folgende Seiten: Der spiegelglatte Obersee mit der Fischunkelalm im Königsseer Tal. Von hier aus führen verschiedene Wanderwege in das Steinerne Meer und zur Gotzenalm.

zwar nicht nur für die Städterseele. Je weiter es den Wanderer gen Hagengebirge zieht, desto rauer wird die Vegetation. Auf der Tour zu den Gotzenbergen und zur Röth kreuzen schon mal Steinböcke den Weg, die 1930 in den Berchtesgadener Alpen wieder neu angesiedelt wurden. Auf den lichten Weideflächen tummeln sich Murmeltiere, die bekanntesten Nationalparkbewohner. Im lockeren Boden finden sie optimale Bedingungen für ihre unterirdischen Bauarbeiten und zur Überwinterung. Ein zehnjähriges Schutzprojekt machte den imposanten Steinadler in der Region wieder heimisch, außerdem gibt es Schneehühner in der Gegend, Schneehasen auch und Schneemäuse. Wie in einem voralpinen Garten Eden spürt man unter Felsvorsprüngen Edelweiß auf oder, häufiger noch, Mehlprimeln, die tiefrosa leuchten, ebenso die seltene Christrose, hochgiftig, fragil und elegant. Unter Naturschutz steht sie, selbstverständlich, wie viele andere Bergblumen auch. Wer käme schon auf die Idee, diese vollendeten Schönheiten anzutasten?

Kanada? Nur um festzustellen, dass der oberfränkische Altweibersommer mindestens so farbenfroh leuchtet wie der Indian Summer Quebecs? Allerdings erzählt es sich vom Naturpark in der Nachbarschaft nicht ganz so glamourös – abgesehen davon, dass der Bayer nicht gern aufschneidet mit dem, was seins ist. Die Großen Steine der Rhön liegen hier, gigantische Sandsteinformationen wie von Riesenhand geschaffen. Auch wahre Märchenwälder aus Buchen, die dem Landstrich zwischen Fulda, Meiningen und Bad Neustadt den wohlklingenden (von Mönchen im Mittelalter verliehenen) Beinamen Buchonia einbrachten. Ganze Tage kann man durch Buchenwald spazieren, rund um die Platzer Kuppe, und immer wieder den erhabenen Blick von 737 Höhenmetern genießen.

Wälder brauchen Zeit, um aus Vergangenem Neues entstehen zu lassen. Alte Baumriesen stürzen zu Boden, im Hintergrund wächst junger, üppiger Buchenwald nach. Hier im Felswandergebiet im Bayerischen Wald.

Ein Wildnis-Phänomen ist auch der Nationalpark Bayerischer Wald, 1970 als erster deutscher Nationalpark im Grenzgebiet zu Tschechien gegründet und 1997 um das Falkensteingebiet auf die doppelte Fläche erweitert. 240 Quadratkilometer, die zu 98 Prozent mit Wald bedeckt sind – wildem Bergmischwald aus Fichten, Tannen, Buchen und Bergahorn, der auf Graniten und Gneisen wächst, die zum Urgestein der Erde zählen. Ein Nationalpark, in dem rund 200 Angestellte pausenlos daran arbeiten, „Natur Natur sein (zu) lassen", also nichts weiter tun, als den Wald darin zu unterstützen, seinen eigenen Gesetzen zu folgen und nur so viel wie nötig einzugreifen in die nahezu grenzenlose Wildnis. Die im Übrigen keineswegs als solche geplant war. Die Parkverwaltung war den Umständen gefolgt, als 1983 ein verheerender Sturm große Teile des Waldgebietes verwüstet hatte, die nachher öden Mondlandschaften glichen. Vereinzelte graue Stammgerippe standen darin wie triste Mahnmale. Man ließ alles wie es war, erst ein bisschen aus Verzweiflung über den riesigen Schaden, später dann aus Überzeugung. Heute sind die Wälder, die auf dem Boden der entwurzelten und abgeknickten Stämme entstanden, Heimat für zahlreiche nahezu ausgestorbene Arten wie Auerhuhn, Wanderfalke, Schwarzstorch und Wespenbussard, die in dem rauen, kalten Klima mit einer Jahresmitteltemperatur von sechs Grad prächtig gedeihen.

Die Hälfte des Jahres über liegt Schnee, die andere Hälfte ist es zumindest kühl. Das sind perfekte Lebensbedingungen für Luchse, eine von einst drei heimischen Großräuberarten (neben Braunbär und Wolf), die bis Ende des 18. Jahrhunderts ausgerottet wurden. Dank erfolgreicher Wiederansiedelung auf tschechischer Seite in den 1980er-Jahren jagt der Luchs heute auch auf bayerischer Seite wieder in einem Areal, das vom Großen Falkenstein im Norden bis in die südlichsten Zipfel des Waldgebietes hineinreicht. Optimale Bedingungen auch für den scheuen Habichtskauz, der in den Wipfeln der Wälder nistet. Ungefähr 1300 verschiedene Pilzarten, viel mehr als in einem Wirtschaftswald, gedeihen auf dem fruchtbaren Urwaldboden. Und auf den lichten, im Sommer mit Wildblumen übersäten Schachten, baumfreien Waldwiesen, ähnlich den Almen in den Alpen, wo noch Mitte des letzten Jahrhunderts Hirten ihre Herden weideten, kann man stundenlang umherstreifen. Selbst Sommerlinde, Esche und Bergulme, über Jahrhunderte gefällt und zum Aschenbrennen in den nahe gelegenen Glashütten verwendet, wachsen hier vereinzelt wieder nach, an den unteren Hängen des Rachels etwa, inmitten von Teppichen aus Bergreithgras, Drahtschmiele und Bergfrauenfarn. Und hoch oben in den Buchen, unbehelligt von Mardern, findet der Schwarzspecht ideale Lebensbedingungen.

Die Oberpfalz, die nichts mit der Pfalz zu tun hat, punktet mit Naturphänomenen wie dem Kammerwagen, dem Tischstein oder dem Butterfass – Granitformationen von immensen Ausmaßen am naturbelassenen Flusslauf der Waldnaab. Und mit dem Parkstein, monumental und massiv, ein beeindruckender Kegel aus Vulkangestein im Naturpark Oberpfälzer Wald, den der Naturforscher Alexander von Humboldt als «schönsten Basaltkegel Europas» bezeichnete. Dass das Naturmonument ein Relikt aus der Tertiärzeit ist, als es in der Gegend zwischen Rhön und Fichtelgebirge noch aktive Vulkane gab, wissen die wenigsten. Der feinkristalline dunkle Basalt drückte als „Nebenprodukt" an die Oberfläche und modellierte bizarre Formationen. Der Legende nach stolperte eine kaiserliche Jagdgesellschaft in offener Landschaft fast buchstäblich über das Geotop, auf der Verfolgungsjagd nach einem flüchtigen Keiler. Einer der Jäger beschloss, an genau dieser Stelle die Burg

Hummeln spielen eine wichtige Rolle bei der Bestäubung von Distelblüten. Die Große Eselsdistel bietet eine wahre Delikatessenstube für alle Arten von nektarsuchenden Insekten.

Parkstein zu errichten, was zur Geburtsstunde für die gleichnamige Gemeinde wurde.

Bayerische Wildnis, die kaum einer kennt. Dazu gehören auch kleine Naturwunder wie der Rudolfstein im Fichtelgebirge, eine Formation, die vor ungefähr 540 Millionen Jahren entstand und damals höher war als heute die Alpen. Über Millionen von Jahren wurden die Felsen so lange von gewaltigen Erdkräften hin- und hergeschoben, bis sie in vollendeter Imposanz zur Ruhe kamen, darunter mächtige Platten, die wie von Riesenhand aufeinandergeschichtet scheinen, mit grünem Blätterband verschnürt. Das Fichtelgebirge ist eine einzige Schatztruhe der Natur. Viele Gesteine, Mineralien und Erze liegen hier, etwa Talk und Speckstein, aber auch Blei, Zink und Kupfer. Das Felsenlabyrinth Luisenburg, ein Meer aus dunklen Granitblöcken, ist nur eines der andächtig zu bestaunenden Phänomene, das schon Goethe faszinierte. Er unternahm wiederholt Reisen in die urwüchsige Region, um sich Notizen und Skizzen zur Botanik und Landschaftsgeologie zu machen: «Die ungeheure Größe der, ohne Spur von Ordnung und Richtung, über einander gestürzten Granitmassen gibt einen Anblick, dessen Gleichen mir auf allen Wanderungen niemals wieder vorgekommen, und es ist niemanden zu verargen der, um diese, Erstaunen, Schrecken und Graun erregenden chaotischen Zustände zu erklären, Fluten und Wolkenbrüche, Sturm und Erdbeben, Vulkane, und was nur sonst die Natur gewaltsam aufregen mag, hier zu Hülfe ruft.»

Wildes Bayern. Wild wie die Buckelwiesen im Werdenfelser Land vor dem Massiv der Alpen, die die 135 Millionen Jahre alte plattentektonische Geschichte des Wettersteingebirges greifbar machen. Von gewaltigen Gletschern zu unzähligen kleinen Hügeln modelliert, erinnern sie im Winter an ausgefahrene Buckelpisten. Im Frühjahr sind sie übersät mit Schlüssel-, Troll- und anderen Gebirgsblumen, im Sommer für die Bergbauern schwer zu mähen. Das Heu aber duftet würzig und ist über Bayerns Grenzen hinaus begehrt. Wer weiterwandert, stößt womöglich auf ein Meer von lilaweißen Krokussen. Wild wie die Höllentalklamm bei Grainau in der Zugspitzregion, mit Wasserfällen, so weit das Auge sehen kann, die sich in Schluchten von bis zu 150 Meter Tiefe hinabstürzen.

Wild wie die Bayern: ein Volk, das sich so wenig domestizieren lässt wie Enzian und Edelweiß, die selbst als Silberanstecker am Revers noch etwas von der Wildheit des Originals haben.

Im Ballon über Füssen in 3 000 Meter Höhe. Vor Sonnenaufgang im Juli reicht der Blick über die Ammergauer Alpen, das Werdenfelser Land, das Karwendelgebirge bis hin zum Guffert im Rofangebirge, rechts hinten im Bild, und dem Wilden Kaisergebirge, ganz hinten links im Bild.

ZUGSPITZREGION, ALLGÄU UND BERCHTESGADENER LAND

PARADIES FÜR GIPFEL-STÜRMER

Gebirgswiesen, die im Frühsommer zu den schönsten der Welt gehören, die spektakulären Alpen, in denen Steinböcke und Adler zu Hause sind, dunkelblaue Seen, versteckte Moore – und über allem thront die Zugspitze: Das ist Bayerns Süden.

Vorige Seiten: 20 Zentimeter hatte es über Nacht geschneit. Im Lauf des Vormittags schmolz der Schnee dahin und immer mehr Krokusse lugten heraus. Im Hintergrund das Karwendelgebirge.

Oben: Blick vom Zugspitzplateau im Februar auf den Jubiläumsgrat, über den ein eisiger Wind weht und riesige Schneefahnen entstehen lässt.

Oben: An einem kalten Frühlingsmorgen sind die Gräser am Ufer des Geroldsees mit Raureifkristallen besetzt, die wie Diamanten in der Morgensonne glitzern.

Rechts: Ein Rundwanderweg zieht sich um den Barmsee zwischen Garmisch-Partenkirchen und Mittenwald. In ihm spiegelt sich die Bergwelt des Karwendelgebirges. Einer der schönsten Seen Oberbayerns.

Fast eine Woche verbrachte ich im Winter auf der Zugspitze, um die eindrucksvollen Wetterstimmungen über den Bergen im Bild festzuhalten. Hier ein Blick am Abend Richtung Lechtaler und Ammergauer Alpen.

Oben: Ein gewaltiges Lichtphänomen über dem Zugspitzmassiv, vom Eibsee aus gesehen: Die untergehende Sonne wirft den Schatten des Massivs auf die dünne Wolkenschicht und lässt ein Gebirge auf den Wolken entstehen.

Rechte Seite: Blick vom Zugspitzplateau Richtung Riffelwandgrat.

Folgende Seiten: Das Murnauer Moos ist mit 32 Quadratkilometern das größte zusammenhängende Moor Mitteleuropas. Fauna und Flora sind vielfältig: Streuwiesen, Nieder- und Hochmoore sowie seltene Pflanzen wie Knabenkräuter, Schwertlilien und Wollgras.

Vom Osterfelderkopf im Wettersteingebirge zieht sich der „Rinderweg" steil nach unten ins Höllental.
Ein Wanderparadies, das in den bayerischen Bergen seinesgleichen sucht.

Oben: Alpendost und Alpen-Kratzdistel im Karstgebiet der Alpspitze über Garmisch.

Links: Einer der ersten Frühlingsboten im Murnauer Moos ist die Schlüsselblume.

Rechte Seite: Nach heftigen, lang anhaltenden Regenfällen stürzen sich gewaltige Wasserfälle in die Höllentalklamm bei Hammersbach. Der Aufstieg dorthin dauert etwa eine Stunde.

Blick von der Zugspitze im Januar bei minus 20 Grad. Die Sonne geht über dem Hochnebel auf, im Hintergrund werden die Tannheimer Berge angestrahlt, zu deren Füßen die Stadt Füssen liegt. Die Täler liegen unter zähem Nebel verborgen.

Oben: Wasseramseln lieben klare Fließgewässer wie hier an der Würm bei Starnberg im Frühling.

Rechts: Kristallklares Wasser spritzt von den Felsen und Moosen an den Schleierfällen in der Ammerleite bei Saulgrub. Einer der schönsten Wasserfälle Bayerns.

Vorige Seiten: Mächtiger Bergahorn im Hintersteiner Tal im Allgäu.

Oben: Gleitschirmfliegen ist für viele ein Traum. Hier schwebt jemand vom Nebelhorn in Richtung Oberstdorf.

Oben: Gläsernen Orgelpfeifen gleich hängen meterlange Eiszapfen von den eisigen Wänden der Klamm.

Links: Tief verschneit und dick vereist präsentiert sich die Breitachklamm bei Tiefenbach im Allgäu. Nach der Höllentalklamm ist sie mit 150 Metern die zweittiefste Klamm der Bayerischen Alpen. Vom Eingang bis zum Ende ist sie mehr als zwei Kilometer lang.

Blick vom Auerberg über die mit dünnem Nebel überzogenen Täler des Allgäus.
Im Hintergrund die Ammergauer Alpen und das Estergebirge.

Links: Wochenlang liegt Hochnebel über dem Voralpenland. Nachts gefriert er und überzuckert Bäume und Landschaft bei Hochenschwangau nahe Schloss Neuschwanstein.

Rechte Seite: König Ludwig II. hätte keinen besseren Platz für sein Schloss Neuschwanstein finden können. Im Hintergrund ragen die Tannheimer Berge auf.

Am 11. August 1999 gegen 13 Uhr wurde es plötzlich dunkel am Ammersee. Der Neumond schob sich vor die Sonne, die Vögel hörten auf zu singen, die Sterne wurden sichtbar, ein leichter Nachtwind erhob sich.

Lediglich die Alpen am Horizont blieben außerhalb des Schattens im Sonnenlicht.
Nur wenige Minuten dauerte diese totale Sonnenfinsternis – ein großes Naturschauspiel.

Die „Dolomiten“ des Berchtesgadener Landes. Die „Drei Brüder“ auf der Reiter Alpe an der Südwestflanke des Hochplateaus, das auf etwa 1600 Metern liegt. Aufstiege dauern mindestens drei Stunden.

Oben: Ein unterschätztes Juwel: Wie in einem botanischen Garten blühen im Frühling die Almwiesen auf der Reiter Alpe.

Rechts: Die Silberdistel wächst auf steinigen Hängen und ist sehr anspruchslos.

Rechte Seite: Blick über das Steinerne Meer. Der Berg im Vordergrund ist der Schneiber, im Hintergrund von links: Hagengebirge, die zwei markanten Teufelshörner, Funtenseetauern.

Mitten im Hagengebirge liegt, wie eine Perle, der Seeleinsee am Fuß des Kahlersbergs.
Hier trifft man oft auf Steinböcke und Gämsen.

Oben: Edelweiß wächst gern in unzugänglichen Gebirgsregionen. In manchen Jahren blüht es in schieren Massen, dann wieder ist es kaum zu finden. Für mich stellt es noch immer eine der größten Herausforderungen dar, diese Pflanze aufzuspüren und perfekt zu fotografieren. Noch ist es mir nicht gelungen.

Links: Murmeltiere sind im Park häufig zu hören und zu sehen. Sie sind äußerst wachsam, die Jungen im Sommer sehr verspielt.

Oben: Nach Starkregen fließen etliche Wasserfälle in die Wimbachklamm bei Ramsau. Sie ist nur etwa 200 Meter lang, aber von großer Anmut. Mit etwas Glück kann man Wasseramseln bei der Jagd beobachten.

Links: Der Almrausch, ein typischer Hochsommerblüher, kommt auf der Reiter Alpe besonders häufig vor. Die Wege sind oft rot gesäumt von seinen Blüten.

Linke Seite: Ein junger Steinbock oberhalb des Röthsteigs. Er scheint sich seiner Tarnung sehr sicher zu sein.

Goldener Oktober auf der Reiter Alpe. Die Lärchen leuchten für wenige Tage in voller Herbstpracht, bevor sie ihre Nadeln für dieses Jahr verlieren.

St. Bartholomä am winterlichen Königssee. Im Wasser spiegelt sich eine der berühmtesten Landschaften der Welt.

Oben: Vom ersten Schnee in ein Kunstgemälde verwandelt. Eine alte Lärche nahe der Gotzenalm.

Links: Der Eisenhut wurde Anfang September von Eis und Schnee überrascht und in eine Eisblume verwandelt.

Lange habe ich ein solches Motiv gesucht: vom Neuschnee bedeckte Schnee- oder Christrosen.
Zwei Stunden später waren sie unter der Schneelast zusammengebrochen.

Vorige Seiten: Fantastische Bergwelt des Watzmanns: die Ostwand vom Hubschrauber aus 2000 Metern senkrecht nach unten fotografiert. Im Tal verbirgt der Hochnebel den Königssee.

Oben: In den kalten Wintermonaten bei Tiefschnee zieht es den Rothirsch mit seinem prächtigen Geweih auf Futtersuche an den Königssee. Hier lassen sich die sonst so scheuen Tiere gut beobachten.

Oben: Mit 2713 Metern ist der Watzmann der zweithöchste Berg Deutschlands. Hier im Herbst bei tief stehender Sonne, die sich unmittelbar über dem Gipfel befindet.

Rechts: Wenn starke Südwinde über die Alpen blasen, entsteht der Föhn. Dünne „Föhnbesen" ziehen über den Himmel und werden am Abend von der untergehenden Sonne angestrahlt.

BAYERISCHER WALD UND OBERPFALZ

SPURENSUCHE IM URWALD

Magisches Mittelgebirge im Dreiländereck. Durch heimischen Dschungel wandern, Bär, Luchs und Wolf auf der Spur und allenthalben auf die Überreste längst erloschener Vulkane treffen: Bayerns Osten ist Erdgeschichte zum Anfassen.

Vorige Seiten: Früher war der Braunbär über ganz Europa verbreitet. Heute hat er in Deutschland keinen Lebensraum mehr und kann nur noch in Zoos und großen Gehegen bestaunt werden – wie hier im Bayerischen Wald.

Oben: Die gesamte Gipfelregion auf dem Lusen, dem zweithöchsten Berg im Nationalpark Bayerischer Wald, ist mit großen Granitfelsen übersät, die der Sage nach vom leibhaftigen Teufel dort ausgestreut worden sind.

Seitdem die Wälder um den Rachelsee zum Nationalpark gehören, hat sich dichter Fichtenurwald gebildet, der jetzt die Ufer des Sees säumt. Er zählt zu den drei Karseen des Bayerischen Waldes.

Oben: Auch *das* sind die Wälder des Bayerischen Waldes, hier am Großen Falkenstein. Gesunde Mischwälder, so weit das Auge reicht. Sie gehören zu den abwechslungsreichsten, lehrreichsten und romantischsten Mitteleuropas.

Linke Seite: Borkenkäfer und Stürme zerstörten in der Vergangenheit die Wälder im Lusengebiet sowie in weiteren Teilen des heutigen Nationalparks. „Natur Natur sein lassen" erfordert Toleranz und Zeit. Hier in den Höhenlagen wird in wenigen Jahren ein junger, neuer Wald entstanden sein.

Oben: Hirschkühe mit Kitz im Rotwildgehege „Scheuereck" am Großen Falkenstein.

Unten: Neu entstehender Wald auf dem Weg zwischen Lusen und Rachel im Juni.

Pilze zersetzen die alten Baumstämme und sorgen für den Neubeginn im Wald.

Wald braucht Zeit. Junge Buchensprösslinge wachsen aus einer alten Fichtenmonokultur empor und sind die ersten Anzeichen für den Aufbau einer neuen Waldgemeinschaft: Es entsteht Mischwald.

Oben und rechts: Ein märchenhafter Frühlingswald im Felswandergebiet am Steinberg bei Neuschönau. Hier lässt sich die Dynamik des Waldes erahnen. Überall liegen riesige Felsen, über die sich Baumwurzeln ranken. Von der „Großen Kanzel" bietet sich ein Ausblick über die umliegenden Wälder und man spürt den „Waldgeist", der wispert: «Lass dir Zeit, lern sehen!».

Rechte Seite: Sperlingskauz

Auf dem Weg vom Scheuereck zum Großen Falkenstein zieht sich der Weg den Höllbach entlang hinauf zum Höllbachgespreng, einem naturbelassenen, felsigen Urwaldgebiet. Hier, in diesen abgelegenen Gebieten, kann sich die Wildkatze behaupten.

Wölfe in einem Gehege im Bayerischen Wald. Viele Jahrzehnte war Isegrim in Deutschland ausgestorben. Seit der Wiedervereinigung wird er in freier Wildbahn immer wieder im östlichen Teil Sachsens und Brandenburgs gesichtet.

Seit vielen Jahren ist der Luchs wieder ein ständiger Bewohner der großen Waldgebiete an der deutsch-tschechischen Grenze. Diese Aufnahmen entstanden in der Gehegezone des Nationalparks bei Ludwigsthal. Die Tiere werden in freier Wildbahn nur selten gesichtet. Ich hatte einmal das Glück, nachts einen Luchs in der Nähe des Lusen zu sehen.

Vorige Seiten: Tief verschneite Fichten auf dem Gipfel des Großen Arber, mit 1456 Metern die höchste Erhebung des Bayerischen Waldes und durch Seilbahnen erschlossen.

Oben: Farbenspiel der „Blauen Stunde" vor Sonnenaufgang. Nachts hatte es auf dem Großen Arber geschneit, nun klarte der Himmel auf. Dies sind die Momente, für die ein Fotograf früh aufsteht.

Links: Eine typische Hutebuche auf dem Hochschachten im hinteren Zwieseler Winkel.

Unten: Rote Blätter, gelbes Gras, tiefgrüne Fichten: Herbst im Latschenfilz zwischen Hoch- und Kohlschachten. Hier befinden sich der Latschensee sowie große Moor- und Latschenflächen.

Knorrige, vom Wetter der Hochlagen geprägte Hutebuchen-Veteranen auf dem Hochschachten (oben) und dem Kohlschachten (rechts). Insgesamt gibt es 36 Schachten (Hochalmwiesen) im Bayerischen Wald. Vom 17. Jahrhundert bis Ende der 1960er-Jahre wurde Vieh auf diese hoch gelegenen Wiesen getrieben, die im Mittel auf 1100 Meter Höhe und oft an der Grenze zur Tschechischen Republik liegen.

Oben: Baumschwämme wachsen an einem umgestürzten Baumveteran auf dem Kohlschachten. Der Sommer dauert hier nur von Juni bis Ende August. In den übrigen neun Monaten kann es immer wieder schneien.

Linke Seite: Wollgras blüht an den Ufern eines Moorsees im Latschenfilz zwischen den Schachten. Ein Holzbohlenweg führt durch diese einmalige Landschaft.

Folgende Seiten: Imposante, alte Buche auf dem Kohlschachten. 1733 erstmals erwähnt wurde dieses Gebiet bis 1961 bewirtschaftet. Heute ist es ein Teil des Nationalparks.

Links: „Der Pfahl" gehört zu den imposantesten Naturdenkmälern Ostbayerns: ein mit Quarz und Schiefer gefüllter Riss, der sich über eine Länge von 150 Kilometern von Fürholz bei Freyung bis nach Schwarzenfeld in der Oberpfalz zieht. Nur hier bei Viechtach tritt er so dominant zutage und bildet einen Gebirgsrücken, auf dem ein schütterer Wald gedeihen kann.

Unten: Eine Erdkröte hat hier im Gestein zwischen den hohen Stauden ein sicheres Versteck.

Schilf und Verlandungszonen im Oberpfälzer Seenland bei Schwandorf. Die Seen und Teiche sind Relikte aus der Zeit, als hier noch im Tagebau Braunkohle abgebaut wurde.

Die Gruben wurden in den 1980er-Jahren geflutet und sind zu einem Naturrefugium und Erholungsgebiet geworden. Die Seenfläche beträgt ungefähr 800 Hektar.

Oben: Mächtige Granitfelsen säumen ein tiefes, zwölf Kilometer langes Tal. Hier fließt die Waldnaab, einer der letzten naturbelassenen Flussläufe, durch das gleichnamige Naturschutzgebiet bei Falkenberg.

Rechts: Weiter südlich mäandert die Naab durch die Wiesen südlich von Schwandorf.

Oben: Der Parkstein wurde schon von Alexander von Humboldt als «der schönste Basaltkegel Europas» bezeichnet. Der Kegel wird auf 24 Millionen Jahre geschätzt, die Basaltsäulen sind typischerweise

vier-, fünf- oder sechseckig. Er wird zu den 100 schönsten Geotopen Bayerns gezählt.
Folgende Seiten: Morgennebel zieht über die Naab bei Weiden in der Oberpfalz.

FICHTELGEBIRGE UND RHÖN

SPIELPLATZ DER RIESEN

«Der Granit lässt mich nicht los!», schrieb Goethe über das Fichtelgebirge – Gestein aus Urzeiten, wie von geheimnisvoller Hand aufeinandergeschichtet. Der Norden Bayerns scheint einem Märchen der Brüder Grimm entsprungen. Die Rhön lädt mit ihren offenen Landschaften, Wäldern und Basaltformationen zum Verweilen ein.

Vorige Seiten: Die geschichteten Granitfelsen auf dem Rudolfstein im Fichtelgebirge sind ein Naturdenkmal. Sie liegen auf einer Höhe von 866 Metern. Seinen Namen erhielt der Felsen 857 von Pfalzgraf Rudolf im Nordgau.

Oben: Auf dem höchsten Felsen am Rudolfstein im Oktober. Bei stürmischem Wetter verwischten durch die Langzeitbelichtung die mit Schnee und Raureif besetzten Äste der Buchen.

Kreuzfelsen

Oben und links: Ich war zum Nußhardt im Fichtelgebirge unterwegs. Plötzlich setzte heftiger Schneefall ein und verwandelte Wald und Felsen in eine völlig andere Landschaft. Nach einer halben Stunde war alles vorbei und der Schnee wieder geschmolzen.

Linke Seite: Ein eigenständiger kleiner Urwald auf dem Rudolfstein. Der erste Schnee ist gefallen und lässt die Landschaft zu einem Gemälde werden. Einen Tag später waren die Blätter abgefallen.

Oben: Frühling an der Eger. Goldgelb leuchten die Schwefelflechten an den Granitplatten. Die Eger entspringt im Fichtelgebirge und mündet in der Tschechischen Republik in die Elbe. Hier, zwischen Neuhaus und Hohenberg, ist sie noch naturbelassen.

Rechte Seite: Am Morgen haben sich kleine Wassertropfen in den Moosen auf den Baumstämmen angesammelt.

Blick in die weite Landschaft der bayerischen Hochrhön bei Sonnenaufgang.

Oben: Das Weidenröschen ist eine dominierende Pflanze am Schwarzen Moor. Große Gebiete leuchten im August in sattem Rot und bieten vielen Insekten Nahrung.

Rechts: Das Basaltblockmeer am Schafstein ist ein Relikt aus der letzten Eiszeit und gehört zur Hochrhön. Der Rest eines aus Basalt bestehenden Vulkanschlotes liegt 700 bis 800 Meter hoch und ist in dieser Form einzigartig in Europa. In den umliegenden Wäldern darf keine Holzwirtschaft betrieben werden, sodass sich hier ein Urwald aus Ebereschen, Buchen und Bergahorn gebildet hat.

Unten: Basaltprismen am Gangolfsberg.

In den Naturwaldreservaten der Schwarzen Berge wie der Platzer Kuppe und dem Lösershag finden sich uralte Hutebuchen, die fester Bestandteil der Rhöner Kulturlandschaft sind.

Oben: Das Naturdenkmal Urbuche bei Mitgenfeld.

Rechts oben: Karpatenbirkenurwälder wachsen auf den Hochmoorflächen der Rhön, zum Beispiel im Schwarzen und Roten Moor. Der Boden ist ständig feucht und sauer. Keine andere Baumart kann sich hier behaupten.

Rechts unten: Herbstlicher Buchenurwald an der Platzer Kuppe im Bereich der Schwarzen Berge.

Im Frühling erblüht die Rhön in den unterschiedlichsten Farben. Küchenschellen (oben) und die seltenen Adonisröschen gibt es hier noch in großer Zahl, von Naturschutzbeauftragten streng bewacht.

Oben: Herbstnebel zieht auf über den Wäldern und Wiesen der Hohen Rhön, die auf etwa 700 Meter Höhe liegt.
Folgende Seiten: Die großen Stieleichen sind das vorherrschende Merkmal im Naturschutzgebiet Hainberg bei

Fürth. Es wird wegen der vielen hier wachsenden Gräser und Kräuter aber auch als „Sandwildnis" Nordbayerns bezeichnet. Das Gebiet gehört der Deutschen Bundesstiftung Umwelt (DBU).

Das ehemalige Truppenübungsgelände Tennenlohe gehört ebenso der DBU. Hier wechseln sich Magerrasen, Grasfluren (wie auf der folgenden Seite) und Erlenbrüche mit Feuchtgebieten ab.
In einem groß angelegten Gatter werden Przewalski-Pferde, sogenannte Urwildpferde, zur Landschaftspflege eingesetzt.

«Mach nur die Augen auf;
alles ist schön!»

Ludwig Thoma (1867–1921)

Linke Seite: Blick auf die Kampenwand in den Chiemgauer Alpen.

Folgende Seite: Am höchsten Punkt Bayerns und Deutschlands: das Gipfelkreuz auf der Zugspitze bei Nacht.

Nationalpark
Naturpark
Biosphärenreservat
0 20 40 60 80
KILOMETER
BAYERN
FRANKEN
SCHWABEN
THÜRINGEN
SACHSEN
HESSEN
BADEN-WÜRTTEMBERG
TSCHECHIEN
ÖSTERREICH
CHWEIZ
MÜNCHEN
Nürnberg
Fürth
Erlangen
Regensburg
Ingolstadt
Augsburg
Würzburg
Bamberg
Bayreuth
Coburg
Hof
Passau
Landshut
Rosenheim
Kempten
Lindau
Ulm
Neu-Ulm
Aschaffenburg
Schweinfurt
Kitzingen
Kronach
Kulmbach
Lichtenfels
Selb
Weiden
Amberg
Sulzbach-Rosenberg
Schwandorf
Cham
Roding
Straubing
Deggendorf
Landau
Dingolfing
Zwiesel
Regen
Kelheim
Neumarkt
Schwabach
Roth
Hilpoltstein
Ansbach
Rothenburg ob der Tauber
Feuchtwangen
Dinkelsbühl
Weißenburg
Treuchtlingen
Eichstätt
Nördlingen
Donauwörth
Neuburg
Dillingen
Günzburg
Senden
Königsbrunn
Friedberg
Aichach
Schrobenhausen
Pfaffenhofen
Mainburg
Freising
Moosburg
Erding
Dachau
Fürstenfeldbruck
Germering
Ismaning
Landsberg
Starnberg
Wolfratshausen
Geretsried
Weilheim
Penzberg
Bad Tölz
Grafing
Waldkraiburg
Burghausen
Altötting
Pfarrkirchen
Eggenfelden
Pocking
Traunreut
Traunstein
Bad Reichenhall
Berchtesgaden
Garmisch-Partenkirchen
Füssen
Schloss Neuschwanstein
Immenstadt
Sonthofen
Kaufbeuren
Memmingen
Bad Kissingen
Bad Neustadt
Hammelburg
Karlstadt
Haßfurt
Höchstadt
Bad Windsheim
Zirndorf
Rhön
Bayerische Rhön
Haßberge
Steigerwald
Spessart
Frankenwald
Fichtelgebirge
Steinwald
Nördlicher Oberpfälzer Wald
Oberpfälzer Wald
Oberer Bayerischer Wald
Bayerischer Wald
Fränkische Schweiz - Veldensteiner Forst
Frankenhöhe
Altmühltal
Hirschwald
Augsburg-Westliche Wälder
Nagelfluhkette
Naturschutzgebiet Tennenloher Forst
Naturschutzgebiet Hainberg
Naturschutzgebiet Großer Pfahl
MAIN-DONAU-KANAL
Großer Arber 1456
Großer Falkenstein 1315
Rachel 1453
Lusen 1373
Rudolfstein 866
Nußhardt 972
Zugspitze 2962
Watzmann 2713
Wendelstein 1838
Reiter Alpe 1961
Nebelhorn 2224
Hintersteiner Tal
Ammersee
Starnberger See
Chiemsee
Tegernsee
Kochelsee
Walchensee
Staffelsee
Forggensee
Königssee
Bodensee
Main
Donau
Isar
Inn
Lech
Iller
Regen
Naab
Altmühl
Amper
Salzach
Vils
Rott
Isen
Alz
Wertach
Günz
Wörnitz
Pegnitz
Regnitz
Rodach
Haidenaab
Eger
Ilm
Paar
Ilz
Mosbach
Heilbronn
Crailsheim
Schwäbisch Hall
Aalen
Schwäbisch Gmünd
Heidenheim
Göppingen
Geislingen
Ehingen
Reutlingen
Schwäbische Alb
Biberach
Sigmaringen
Ravensburg
Bad Waldsee
Weingarten
Friedrichshafen
Wangen
Konstanz
Tübingen
Albstadt
Böblingen
Kirchheim
Waiblingen
Stuttgart
Schwäbisch-Fränkischer Wald
Neckartal-Odenwald
Bad Mergentheim
Wertheim
Gelnhausen
Hanau
Hessischer Spessart
Hoher Vogelsberg
Hessische Rhön
Fulda
Neuhof
Bad Hersfeld
Stadtallendorf
Homberg
Bebra
Kellerwald-Edersee
Hainich
Eisenach
Gotha
Erfurt
Weimar
Apolda
Jena
Zeitz
Altenburg
Gera
Greiz
Glauchau
Werdau
Zwickau
Reichenbach
Plauen
Chemnitz
Freiberg
Freital
Dresden
Pirna
Sächsische Schweiz
Annaberg-Buchholz
Erzgebirge/Vogtland
Thüringer Wald
Thüringer Schiefergebirge/Obere Saale
Vessertal
Ilmenau
Suhl
Meiningen
Rudolstadt
Saalfeld
Sonneberg
Pilsen (Plzeň)
Salzburg
Kufstein
Innsbruck

Rechts: Schneetreiben im Hochsommer: Norbert Rosing auf Fotopirsch im Nationalpark Berchtesgaden. Das Ergebnis sind Steinböcke statt Edelweiß.

Hier, auf der Gotzenalm im Alpen-Nationalpark Berchtesgaden, scheint die Sonne vom spätsommerlichen Himmel. Ich suche nach geeigneten Plätzen, um das berühmte Edelweiß in typischer Landschaft zu fotografieren. Es soll ein gutes Jahr sein für diese außergewöhnliche Alpenblume. «Überall stehen sie dieses Jahr wie Unkraut», sagt der Wirt. Gut gelaunt ziehe ich los und finde tatsächlich einige schöne Exemplare direkt am Wegesrand. Doch das Licht lässt zu wünschen übrig und es ist schon spät am Tag. Ich will es am nächsten Morgen noch einmal probieren. Blumen können ja nicht weglaufen! Am Abend erzählt mir ein Gast von «Hunderten Quadratmetern voller Edelweiß. Man kann sie mit der Sense mähen, so dicht stehen sie.» Ich schlafe schlecht vor lauter Erwartung. Am nächsten Morgen, ich traue meinen Augen nicht: Es ist der 31. August und draußen liegen 30 Zentimeter Neuschnee! Was ist mit meinem Edelweiß passiert? Ich stapfe los, gefolgt von einer Herde Almkühe, die in mir hoffnungsvoll den Hirten sieht, der sie ins Tal geleitet. Ich erreiche den Platz, an dem ich am Vortag das Edelweiß fotografiert habe. Die Blumen sind unter nassem, dickem Schnee begraben. Frust steigt in mir auf! War die ganze Mühe umsonst? Es beginnt wieder zu schneien, Wind kommt auf. Dicke, nasse Schneeflocken treiben mir ins Gesicht, setzen sich auf Rucksack, Jacke und Kamera; der Wind wird eisig. Ist das wirklich August? Weiter unten in einer Talsenke bewegt sich etwas. Beim genaueren Hinsehen stockt mir der Atem: Steinböcke!

Sieben erwachsene Böcke sind vom Berg herabgestiegen und suchen Schutz unter den grünen Lärchen. Vorsichtig steige ich ab und kann dann, trotz widriger Bedingungen, aus wenigen Metern Entfernung Bilder von ihnen im Schnee fotografieren. Weiter oben auf einem Geröllfeld finden sich Geißen und Kitze ein. Ein einmaliges Erlebnis. An Edelweiß habe ich nicht mehr gedacht.

Fast 30 Jahre lebe ich nun in Bayern, doch für dieses Buch habe ich es für mich völlig neu entdeckt. Ein Jahr lang fuhr ich 50 000 Kilometer durchs Land, übernachtete mehr als 200 Mal in fremden Betten, belichtete 500 Filme, machte viele digitale Bilder und erlebte unglaublich viel.

Der erste große Schnee ist für die Hochlagen der Mittelgebirge angekündigt. Ich sage eine Reise nach England ab, um ins Fichtelgebirge zu reisen. Noch hängt das bunte Herbstlaub an den Bäumen und ich habe die Hoffnung, Bilder zu fotografieren, die es selten gibt. In der ersten Morgendämmerung wandere ich durch einen grauen, schneelosen Wald Richtung Rudolfstein. Selbst kurz vor dem Gipfel fällt immer noch kein Schnee. War wieder alles umsonst? Ich trete nach einer weiteren halben Stunde auf die Hochfläche des Berges und – es schneit. Schnell ersteige ich den Hauptfelsen des Rudolfstein, um mir einen Überblick zu verschaffen. Eisiger Wind, Nebel und Schneeflocken empfangen mich. Mein Traum aber geht in Erfüllung. Rotgelbes Buchenlaub hängt noch an den Zweigen, daneben die „aufgeschichteten" Granitplatten. Oben auf der Anhöhe sind alle Zweige mit Raureif bedeckt. Der Wind weht die Äste hin und her. Nach einer Stunde intensiven Fotografierens bin ich durchgefroren, aber hochzufrieden und steige ab ins Tal.

Auf meinen Touren gelangte ich aber auch an andere wilde Plätze Bayerns: Die Höllentalklamm bei Garmisch-Partenkirchen führte wegen des vielen Regens im Frühjahr sehr viel Wasser. Durch das Tosen verstand ich mein eigenes Wort nicht mehr. Im Hintersteiner Tal im Allgäu erstrahlten die Ahornbäume und Buchen in einer Herbstpracht wie im kanadischen Indian Summer. Ich verbrachte eine Woche im tiefen Winter auf der Zugspitze. Die Ausblicke: einfach atemberaubend! Auch das Berchtesgadener Land mit Watzmann, Reiter Alpe und Steinernem Meer schlägt jeden in seinen Bann. Mehrere Male in diesem Jahr besuchte ich den

Norbert Rosing,

Jahrgang 1953, legte den Grundstein für seine Karriere als Fotograf mit spektakulären Eisbärenbildern aus Kanada. 50 Reisen haben ihn seitdem in die Arktis geführt. In den frühen 1990er-Jahren entdeckte er fotografisch seine Heimat Deutschland: «30 Jahre habe ich gebraucht, um die Sinne für die Natur vor der Haustür zu öffnen. Nicht alles Glück der Erde liegt in großer Ferne.»
Norbert Rosing bevorzugt nach wie vor die analoge Fotografie. Er gewann internationale Preise beim BBC Wildlife Photographer of the Year Competition (UK) und den Nature's Best Photography Award (USA). Viele seiner Bilder wurden im NATIONAL GEOGRAPHIC-Magazin abgedruckt. 2010 wurde Rosing von dem renommierten englischen Fotomagazin „Outdoor Photography" als einer der 40 einflussreichsten Naturfotografen weltweit nominiert. Er lebt mit seiner Frau Elli am Ammersee in Oberbayern.

Bayerischen Wald. Seine Verjüngung nach dem Borkenkäferbefall und den Stürmen hat meine Erwartungen noch übertroffen. Ich wanderte viele Tage im Frühjahr und Herbst durch Urwälder, wie ich sie bis dahin nur aus Finnland kannte. Allerorten sprießen Buchen und junge Fichten zwischen dem mit Flechten und Moosen überwucherten Totholz. Hier sieht man deutlich: Ein Nationalpark braucht Zeit zum Wachsen!
Für mich war sie eine der großen Entdeckungen in Bayern: die Rhön. Wildes, offenes Land, überall Baumveteranen, Buchenurwälder, Basaltsteinfelder und -prismen, die von vulkanischer Aktivität längst vergangener Zeit zeugen. Blumenwiesen mit großem Artenreichtum, Moore, seltene Pilze und Karpatenbirkenbestände. Und immer wieder traumhafte Lichtstimmungen. Rudolfstein, Nußhardt und Felsenparadies sind die Namen, die mir im Fichtelgebirge das Herz höher schlagen ließen. Felsenformationen wie von Riesenhand auf einen Haufen geworfen und Ausblicke, weit ins Land.
In der Oberpfalz besuchte ich den eindrucksvollen Parkstein, eine Basaltsäulenformation, die aus der Ebene emporwächst. In der Nachbarschaft durchfließt die Waldnaab und später die Naab das Land von Nord nach Süd. Hier können Biber beim Bau ihrer Burgen beobachtet werden. Ein weißer Felsenrücken erstreckt sich nahe der Stadt Viechtach, „der Pfahl". Ein Quarzstein, der sich über viele Kilometer, meist unterirdisch, durch die Oberpfalz und den Bayerischen Wald erstreckt, tritt hier eindrucksvoll zutage.
Es sind nicht immer nur die touristischen Besonderheiten im Süden, die Bayern für mich ausmachen. Es ist der Abwechslungsreichtum: Bäche, Wiesen, Bäume, Felsen, Moore, Berge, Schluchten, offene Landschaften, Flüsse und Seen. Ein Leben reicht nicht aus, um all dies gebührend ins Bild zu setzen. Ich habe es versucht, in einem Menschenjahr, und hoffe, dass ich etwas von meiner Faszination für das wilde Bayern mit diesem Buch weitergeben kann. Wir alle sollten es hüten.

Grafrath, im Januar 2011
Norbert Rosing

IMPRESSUM

Veröffentlicht von NATIONAL GEOGRAPHIC DEUTSCHLAND, Hamburg 2011

Alle Fotos und Bildunterschriften von Norbert Rosing mit Ausnahme des Bildes von Seite 159 (Elli Rosing). Mehr zu Norbert Rosing unter www.rosing.de

Aufwand für das Projekt: 50 000 Kilometer Fahrt in zwölf Monaten, 500 KB Filme Fujichrome Velvia 50, Flüge und Fahrten in Hubschrauber und Ballon. Fotoausrüstung: Leica R System 80 % aller Aufnahmen (analog), Leica S System 20 % aller Aufnahmen (digital – Mittelformat), alle Aufnahmen vom Stativ.

Konzept: Alexandra Schlüter
Layout und Bildredaktion: Grigkar Ahlborn (grigkar-ahlborn.com)
Einleitungstext: Katja Büllmann
Schlussredaktion: Katharina Harde-Tinnefeld
Kartografie: Ralf Bitter
Herstellung: G+J Druckzentrale, Heiko Belitz (Ltg.); Sascha Kirchner
Litho: EINSATZ Creative Production GmbH & Co KG
Druck: Firmengruppe APPL, aprinta Druck, Wemding

Printed in Germany

ISBN 978-3-86690-227-5

Danksagungen Wildes Bayern

Meiner Frau Elli für Unterstützung, Organisation und Rückhalt; Walter Enthammer von Helios Helicopter, Salzburg; Eva Maria Greimel von den Bayerischen Zugspitzbahnen; Claus Schenk vom „Haus der Schwarzen Berge", Bayerische Rhön; Thorsten Kirchner, Bernd Römmelt, Bernd Ritschel, Maria Herbst und Thomas Krüger von der Neuen Traunsteiner Hütte auf der Reiter Alpe; Karl-Friedrich Sinner und Wolfgang Bäuml vom Nationalpark Bayerischer Wald; Fritz Eder vom Nationalpark Berchtesgaden, Deutsche Bundesstiftung Umwelt (DBU), Europarc, dem Team von National Geographic Deutschland, Peter Müller von Seitz & Zöbeley, Günter Lenz, den Mitarbeitern vom VW Autohaus Rasch, Fürstenfeldbruck.

Die National Geographic Society, eine der größten gemeinnützigen wissenschaftlichen Vereinigungen der Welt, wurde 1888 gegründet, um «die geographischen Kenntnisse zu mehren und zu verbreiten». Sie unterstützt die Erforschung und Erhaltung von Lebensräumen sowie Forschungs- und Bildungsprogramme. Ihre weltweit mehr als neun Millionen Mitglieder erhalten monatlich das NATIONAL GEOGRAPHIC-Magazin, in dem die besten Fotografen ihre Bilder veröffentlichen sowie renommierte Autoren aus nahezu allen Wissensgebieten der Welt berichten. Ihr Ziel: *inspiring people to care about the planet*, Menschen zu inspirieren, sich für ihren Planeten einzusetzen.
Die National Geographic Society informiert nicht nur durch das Magazin, sondern auch durch Bücher, Fernsehprogramme und DVDs.
Falls Sie mehr über NATIONAL GEOGRAPHIC wissen wollen, besuchen Sie unsere Website unter www.nationalgeographic.de.

DEUTSCHLANDS WILDE SEITE

WILDES SACHSEN
Bildband
160 Seiten, Format 22,9 x 26,4 cm
€ 24,95 (D), € 25,70 (A), sFr 44,90 (CH)
ISBN 978-3-86690-170-4

WILDES MECKLENBURG-VORPOMMERN
Bildband
160 Seiten, Format 22,9 x 26,4 cm
€ 24,95 (D), € 25,70 (A), sFr 44,90 (CH)
ISBN 978-3-86690-169-8

Vom Wattenmeer bis zu den Alpen: NATIONAL GEOGRAPHIC stellt in einem Reiseführer Deutschlands 14 Nationalparks vor. Wertvolle Tipps für Naturreisen im eigenen Land.

DEUTSCHE NATIONALPARKS
Reiseführer
272 Seiten, Format 11,9 x 19,1 cm
€ 22,95 (D), € 23,70 (A), sFr 41,50 (CH)
ISBN 978-3-86690-102-5